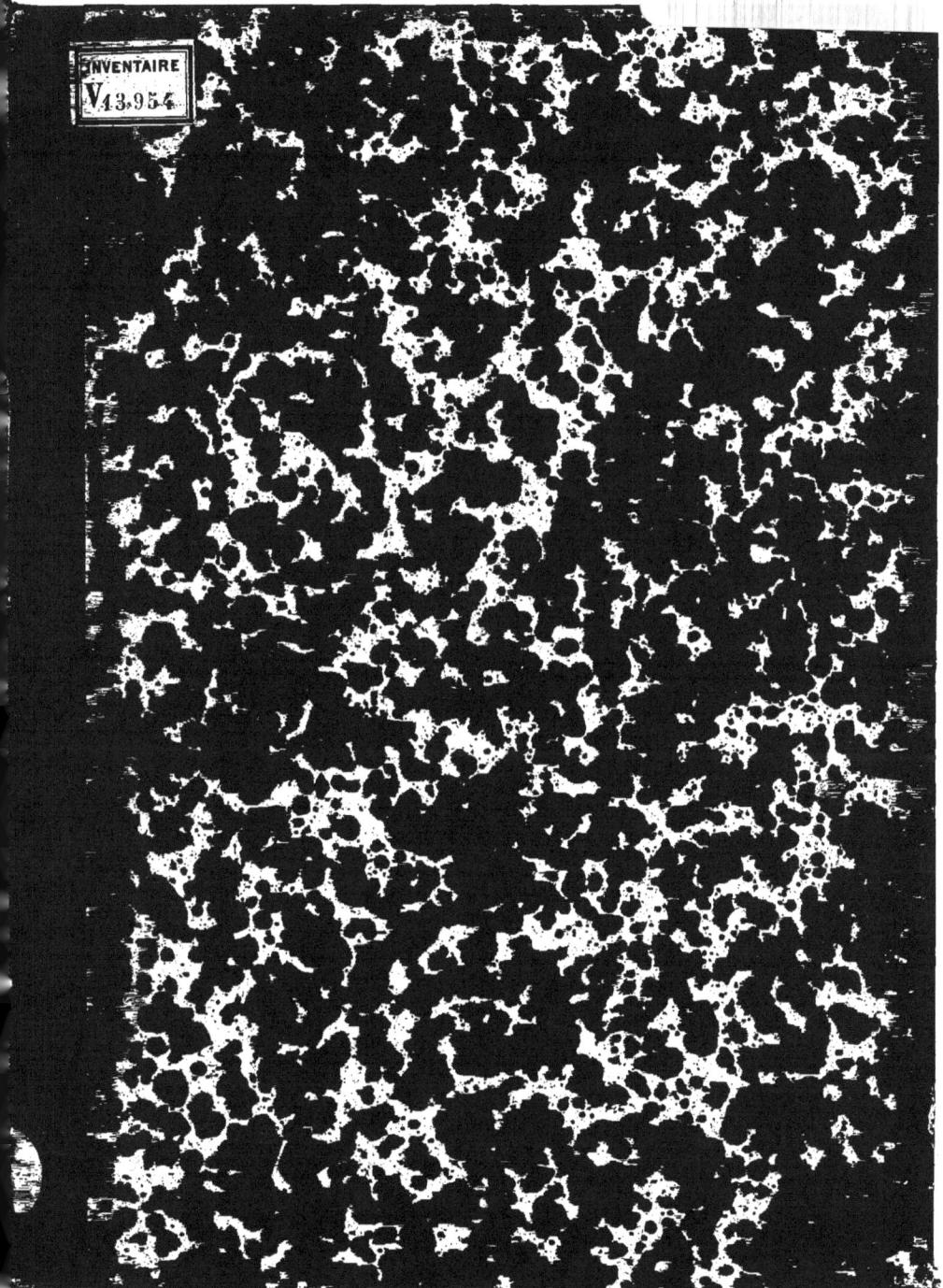

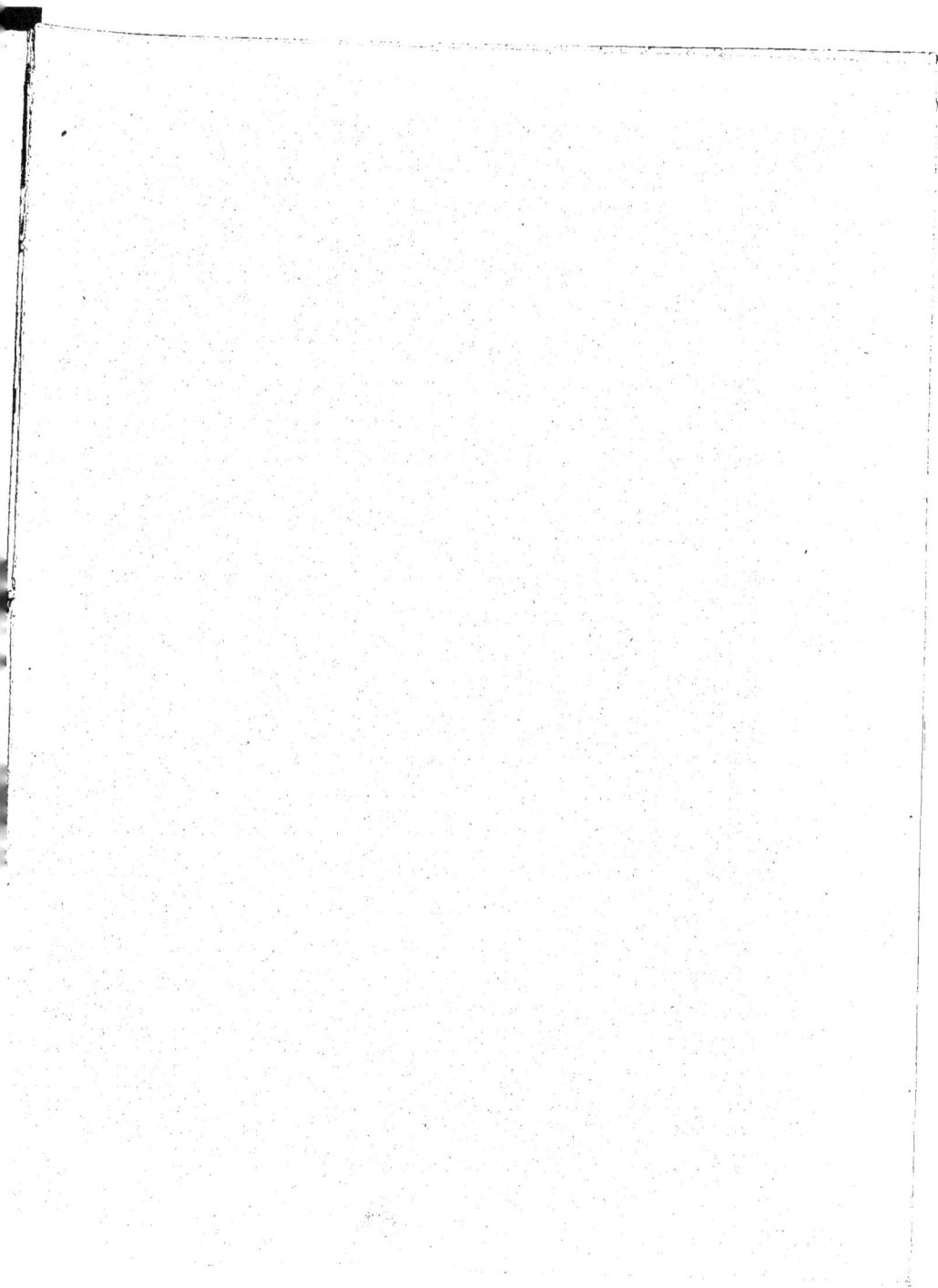

V

DISTINCTION

DES

MAXIMA ET DES MINIMA

DANS LES QUESTIONS QUI DÉPENDENT DE LA MÉTHODE
DES VARIATIONS.

THÈSE DE MÉCANIQUE

PRÉSENTÉE A LA FACULTÉ DES SCIENCES DE PARIS,

le   avril 1841,

Par Ch. Delaunay,

RÉPÉTITEUR A L'ÉCOLE POLYTECHNIQUE.

PARIS,
IMPRIMERIE DE BACHELIER,
RUE DU JARDINET, N° 12.

—

1841.

ACADÉMIE DE PARIS.

FACULTÉ DES SCIENCES.

MM. BIOT, doyen,
LACROIX,
FRANCOEUR,
GEOFFROY SAINT-HILAIRE,
MIRBEL,
POUILLET,   } professeurs.
PONCELET,
LIBRI,
STURM,
DUMAS,
—
BEUDANT,

DE BLAINVILLE,
CONSTANT PREVOST,
AUGUSTE SAINT-HILAIRE,   } professeurs-adjoints
DESPRETZ,

LEFÉBURE DE FOURCY,
DUHAMEL,
MASSON,
PÉLIGOT,   } agrégés.
MILNE EDWARDS,
DE JUSSIEU,

THÈSE DE MÉCANIQUE.

DISTINCTION

DES

MAXIMA ET DES MINIMA

DANS

LES QUESTIONS QUI DÉPENDENT DE LA MÉTHODE DES VARIATIONS.

Lorsqu'une quantité est fonction d'une ou de plusieurs variables indépendantes, on sait que, pour déterminer les valeurs de ces variables qui rendent la fonction un maximum ou un minimum, il faut attribuer à chacune d'elles un accroissement infiniment petit, développer la fonction suivant les puissances de ces accroissements, et égaler à zéro l'ensemble des termes du premier ordre : l'équation qui en résulte se décompose en autant d'équations qu'il y a de variables indépendantes, et ces équations font connaître les valeurs cherchées de ces variables. Pour distinguer ensuite si ces valeurs donnent un maximum ou un minimum, on les substitue dans les termes du second ordre : si l'ensemble de ces termes reste constamment positif, quels que soient les accroissements infiniment petits attribués aux variables, il y a minimum ; s'il reste constamment négatif, il y a maximum ; si enfin l'ensemble des termes du second ordre peut changer de signe, il n'y a ni maximum ni minimum.

Dans les problèmes, d'un ordre plus élevé, où l'on se propose de déterminer une courbe par la condition de rendre maximum ou minimum une intégrale définie qui dépend de cette courbe, on doit suivre la même marche. Il faut que la courbe cherchée soit telle, qu'en la changeant infiniment peu, c'est-à-dire en donnant à chacune de ses ordonnées un accroissement infiniment petit, l'ensemble des termes du premier ordre dans l'accroissement qui en résultera pour l'intégrale définie soit égal à zéro. La méthode des variations, inventée par Lagrange, donne le moyen de calculer ces termes du premier ordre, et de les mettre sous une forme telle, qu'on puisse en déduire de suite l'équation différentielle de la courbe cherchée, et les conditions aux limites qui doivent servir à la détermination des constantes introduites par l'intégration de cette équation différentielle.

Quant à la distinction des cas où il y a maximum, ou minimum, ou ni l'un ni l'autre, c'est encore dans la considération des termes du second ordre qu'il faut la chercher. Legendre est le premier qui s'en soit occupé (*Mémoires de l'Académie des Sciences*, année 1786): sa méthode consiste à transformer la variation seconde de l'intégrale définie proposée de manière à introduire un carré parfait sous le signe $\int$. Mais cette transformation suppose l'intégration d'équations différentielles assez compliquées, et Legendre n'a pas donné le moyen d'effectuer cette intégration.

Plus tard Lagrange a donné une méthode plus générale (*Théorie des fonctions analytiques*) : elle consiste à introduire sous le signe $\int$, non plus un carré parfait, mais une quantité essentiellement positive; et pour cela il suffit de satisfaire à certaines inégalités qui comprennent comme cas particulier les équations différentielles de Legendre. Mais la difficulté de satisfaire à ces inégalités rend la méthode aussi peu praticable que celle de Legendre. Lagrange a fait en outre la remarque qu'il ne suffit pas que l'élément de l'intégrale conserve toujours le même signe, mais qu'il faut aussi que cet élément ne devienne pas infini entre les limites données, sans quoi la variation seconde pourrait changer de signe.

Tel était l'état de la question, lorsque M. Jacobi est parvenu à effectuer la même transformation que Legendre, en n'employant que des intégrations par parties successives, et cela toutes les fois que l'équation différentielle de la courbe a été intégrée. En comparant sa méthode à celle de Legendre, il en a déduit les intégrales des équations différentielles dont j'ai parlé. C'est cette méthode de M. Jacobi que je vais développer, en commençant par démontrer un théorème sur lequel elle est fondée ; je l'appliquerai ensuite à quelques exemples.

§ I.

Théorème préliminaire.

Soit

$$(1) \qquad \mathrm{A}\,y + \frac{d.\mathrm{A}_1\,y'}{dx} + \frac{d^2\mathrm{A}_2\,y''}{dx^2} + \frac{d^3\mathrm{A}_3\,y'''}{dx^3} + \ldots + \frac{d^n\mathrm{A}_n\,y^{(n)}}{dx^n} = 0$$

une équation différentielle linéaire de l'ordre $2n$, dans laquelle $y^{(m)}$ est mis pour $\frac{d^m y}{dx^m}$, et les coefficients A, A_1, A_2, ..., sont des fonctions données de x ; si u est une valeur quelconque de y satisfaisant à cette équation, l'expression

$$u\left[\mathrm{A}uy + \frac{d\,\mathrm{A}_1(uy)'}{dx} + \frac{d^2.\mathrm{A}_2(uy)''}{dx^2} + \frac{d^3.\mathrm{A}_3\,(uy)'''}{dx^3} + \ldots + \frac{d^n.\mathrm{A}_n(uy)^{(n)}}{dx^n}\right] = \mathrm{U}$$

sera une dérivée exacte, quel que soit y, et son intégrale aura la même forme que le premier membre de l'équation (1), c'est-à-dire que l'on aura

$$\int \mathrm{U}dx = \mathrm{B}y' + \frac{d.\mathrm{B}_1\,y''}{dx} + \frac{d^2.\mathrm{B}_2\,y'''}{dx^2} + \frac{d^3.\mathrm{B}_3\,y^{\mathrm{iv}}}{dx^3} + \ldots + \frac{d^{n-1}\mathrm{B}_{n-1}\,y^{(n)}}{dx^{n-1}}.$$

Pour démontrer ce théorème, multiplions par uy le premier membre de l'équation identique

$$\mathrm{A}u + \frac{d.\mathrm{A}_1\,u'}{dx} + \frac{d^2.\mathrm{A}_2\,u''}{dx^2} + \frac{d^3.\mathrm{A}_3\,u'''}{dx^3} + \ldots + \frac{d^n.\mathrm{A}_n\,u^{(n)}}{dx^n} = 0,$$

retranchons-le de U, ce qui ne changera pas sa valeur, et nous aurons

$$U = u\frac{d.A_1(uy)'}{dx} + u\frac{d^2.A_2(uy)''}{dx^2} + u\frac{d^3.A_3(uy)'''}{dx^3} + \ldots + u\frac{d^n.A_n(uy)^{(n)}}{dx^n}$$
$$- uy\frac{d.A_1 u'}{dx} - uy\frac{d^2.A_2 u''}{dx^2} - uy\frac{d^3.A_3 u'''}{dx^3} - \ldots - uy\frac{d^n.A_n u^{(n)}}{dx^n}.$$

S'il ne s'agissait que de démontrer que U est une dérivée exacte, on y arriverait très simplement par des intégrations par parties successives; mais pour faire voir que $\int U dx$ peut se mettre sous la même forme que le premier membre de l'équation (1), il faut suivre une autre marche. Pour cela je vais prouver que si l'on pose

$$X = u\frac{d^m.A_m(uy)^{(m)}}{dx^m} - uy\frac{d^m.A_m u^{(m)}}{dx^m},$$

X pourra se mettre sous la forme

$$\frac{d.b_1 y'}{dx} + \frac{d^2.b_2 y''}{dx^2} + \frac{d^3 b_3 y'''}{dx^3} + \ldots + \frac{d^n.b_n y^{(n)}}{dx^n},$$

ce qui donnera

$$\int X dx = by' + \frac{db_1 y''}{dx} + \frac{d^2.b_2 y'''}{dx^2} + \ldots + \frac{d^{n-1}.b_{n-1} y^{(n)}}{dx^{n-1}},$$

et par suite

$$\int U dx = \sum_{m=1}^{m=n} \int X dx = By' + \frac{d.B_1 y''}{dx} + \frac{d^2.B_2 y'''}{dx^2} + \ldots + \frac{d^{n-1}B_{n-1} y^{(n)}}{dx^{n-1}}$$

Observons d'abord que si P et Q sont deux fonctions de x, qu'on désigne par P', P'', ... les dérivées successives de P, et par (m, p) le nombre des combinaisons de m lettres p à p, on aura

$$(2) \quad \begin{cases} P\dfrac{d^m Q}{dx^m} = \dfrac{d^m PQ}{dx^m} - (m, 1)\dfrac{d^{m-1}P'Q}{dx^{m-1}} + (m, 2)\dfrac{d^{m-2}P''Q}{dx^{m-2}} - \ldots \\ \quad + (-1)^p (m, p)\dfrac{d^{m-p}P^{(p)}Q}{dx^{m-p}} + \ldots + (-1)^m P^{(m)}Q. \end{cases}$$

Si l'on applique cette formule aux deux parties de X et qu'on développe ensuite les puissances de uy qui seront indiquées, on trouvera

$$u\frac{d^m.A_m(uy)^m}{dx^m} = \frac{d^m.uA_m[uy^{(m)}+(m,1)u'y^{(m-1)}+(m,2)u''y^{(m-1)}+\ldots+(m,m-1)u^{(m-1)}y'+u^{(m)}y]}{dx^m}$$

$$-(m,1)\frac{d^{m-1}.u'A_m[uy^{(m)}+(m,1)u'y^{(m-1)}+(m,2)u''y^{(m-1)}+\ldots+(m,m-1)u^{(m-1)}y'+u^{(m)}y]}{dx^{m-1}}$$

$$+(m,2)\frac{d^{m-2}u''A_m[uy^{(m)}+(m,1)u'y^{(m-1)}+(m,2)u''y^{(m-1)}+\ldots+(m,m-1)u^{(m-1)}y'+u^{(m)}y]}{dx^{m-2}}$$

$$\ldots\ldots\ldots\ldots\ldots\ldots\ldots\ldots\ldots\ldots\ldots\ldots\ldots\ldots\ldots\ldots$$

$$+(-1)^{m-1}(m,m-1)\frac{du^{(m-1)}A_m[uy^{(m)}+(m,1)u'y^{(m-1)}+(m,2)u''y^{(m-1)}+\ldots+(m,m-1)u^{(m-1)}y'+u^{(m)}y]}{dx}$$

$$+(-1)^m u^{(m)}A_m[uy^{(m)}+(m,1)u'y^{(m-1)}+(m,2)u''y^{(m-1)}+\ldots+(m,m-1)u^{(m-1)}y'+u^{(m)}y];$$

$$uy\frac{d^m.A_m u^{(m)}}{dx^m} = \frac{d^m.A_m u^{(m)}uy}{dx^m}-(m,1)\frac{d^{m-1}.A_m u^{(m)}[uy'+u'y]}{dx^{m-1}}+(m,2)\frac{d^{m-2}.A_m u^{(m)}[uy''+2u'y'+u''y]}{dx^{m-2}}$$

$$\ldots\ldots\ldots\ldots\ldots\ldots\ldots\ldots\ldots\ldots\ldots\ldots\ldots\ldots\ldots\ldots$$

$$+(-1)^{m-1}(m,m-1)\frac{d.A_m u^{(m)}[uy^{(m-1)}+(m-1,1)u'y^{(m-1)}+(m-1,2)u''y^{(m-1)}+\ldots+(m-1,m-2)u^{(m-2)}y'+u^{(m-1)}y]}{dx}$$

$$+(-1)^m A_m u^{(m)}[uy^{(m)}+(m,1)u'y^{(m-1)}+(m,2)u''y^{(m-1)}+\ldots+(m,m-1)u^{(m-1)}y'+u^{(m)}y].$$

Le dernier terme étant le même dans ces deux développements, on voit déjà que X est une dérivée exacte. Pour démontrer que X peut se mettre sous la forme énoncée, je vais faire voir que, si l'on transforme les deux développements précédents, de manière que dans chaque terme il n'entre sous le signe $\frac{d^k}{dx^k}$ que les deux dérivées de y des ordres k et $k+1$, ce qui est toujours possible, le coefficient de $y^{(k+1)}$ disparaîtra de lui-même.

D'abord on reconnaît facilement que, dans chacun de ces deux développements, tous les termes, à l'exception de ceux où l'ordre de la dérivée de y est égal à l'indice du signe d, peuvent se grouper deux à deux, de manière que chaque groupe soit compris dans la forme générale

$$M\left[\frac{d^r C y^{(r+t)}}{dx^r} \pm \frac{d^{r+t}.C y^{(r)}}{dx^{r+t}}\right],$$

M étant un coefficient constant, et le second terme ayant le signe $+$ si t est pair, et le signe $-$ si t est impair.

Supposons, par exemple, $t=2s$; nous aurons, en vertu de la

formule (2),

$$C y^{(r+2i)} = C \frac{d^i y^{(r+i)}}{dx^i} = \frac{d^i C y^{(r+i)}}{dx^i} - (s, 1) \frac{d^{i-1} C' y^{(r+i)}}{dx^{i-1}} + (s, 2) \frac{d^{i-2} C'' y^{(r+i)}}{dx^{i-2}} - \ldots,$$

d'où

$$\frac{d^r . C y^{(r+2i)}}{dx^r} = \frac{d^{r+i} . C y^{(r+i)}}{dx^{r+i}} - (s, 1) \frac{d^{r+i-1} C' y^{(r+i)}}{dx^{r+i-1}} + (s, 2) \frac{d^{r+i-2} C'' y^{(r+i)}}{dx^{r+i-2}}$$
$$- (s, 3) \frac{d^{r+i-3} C''' y^{(r+i)}}{dx^{r+i-3}} + (s, 4) \frac{d^{r+i-4} C^{iv} y^{(r+i)}}{dx^{r+i-4}} - \ldots;$$

mais on a

$$C'' y^{(r+i)} = \frac{dC'' y^{(r+i-1)}}{dx} - C''' y^{(r+i-1)},$$

$$C''' y^{(r+i)} = \frac{dC''' y^{(r+i-1)}}{dx} - C^{iv} y^{(r+i-1)},$$

$$\ldots\ldots\ldots\ldots\ldots\ldots\ldots\ldots\ldots\ldots\ldots$$

Substituant dans l'équation précédente, il viendra

$$\frac{d^r C y^{(r+2i)}}{dx^r} = \frac{d^{r+i} . C y^{(r+i)}}{dx^{r+i}} - (s, 1) \frac{d^{r+i-1} C' y^{(r+i)}}{dx^{r+i-1}} + (s, 2) \frac{d^{r+i-1} C'' y^{(r+i-1)}}{dx^{r+i-1}}$$
$$- [(s, 3) + (s, 2)] \frac{d^{r+i-2} C''' y^{(r+i-1)}}{dx^{r+i-2}} + [(s, 4) + (s, 3)] \frac{d^{r+i-3} C^{iv} y^{(r+i-1)}}{dx^{r+i-3}} - \ldots;$$

on aura encore

$$C^{iv} y^{(r+i-1)} = \frac{dC^{iv} y^{(r+i-2)}}{dx} - C^v y^{(r+i-2)},$$

$$C^v y^{(r+i-1)} = \frac{d . C^v y^{(r+i-2)}}{dx} - C^{vi} y^{(r+i-2)},$$

$$\ldots\ldots\ldots\ldots\ldots\ldots\ldots\ldots\ldots\ldots$$

Substituant encore dans l'équation précédente, et continuant toujours de la même manière, on finira par mettre $\frac{d^r C y^{(r+2i)}}{dx^r}$ sous une forme telle, que dans chaque terme l'ordre de la dérivée de y soit égal à l'indice du signe d, ou égal à cet indice augmenté d'une unité. De plus il est facile de voir qu'un terme quelconque, dans lequel l'ordre de la dérivée de y dépasse d'une unité l'indice du signe d, est de la forme

$$- N \frac{d^{r+s-h-2} C^{(2h+1)} y^{(r+s-h)}}{dx^{r+s-h-1}},$$

N étant égal à

$$(s, 2h+1) + (h, 1)(s, 2h) + (h, 2)(s, 2h-1) + \ldots + (h, h-1)(s, h+2) + (s, h+1).$$

Transformons également la quantité $\dfrac{d^{r+2s} . C y^{(r)}}{dx^{r+2s}}$. Nous aurons d'abord

$$\frac{d^s C y^{(r)}}{dx^s} = C y^{(r+s)} + (s, 1) C' y^{(r+s-1)} + (s, 2) C'' y^{(r+s-2)} + (s, 3) C''' y^{(r+s-3)} + \ldots,$$

d'où

$$\frac{d^{r+2s} C y^{(r)}}{dx^{r+2s}} = \frac{d^{r+s} C y^{(r+s)}}{dx^{r+s}} + (s, 1) \frac{d^{r+s} C' y^{(r+s-1)}}{dx^{r+s}} + (s, 2) \frac{d^{r+s} C'' y^{(r+s-2)}}{dx^{r+s}}$$
$$+ (s, 3) \frac{d^{r+s} C''' y^{(r+s-3)}}{dx^{r+s}} + (s, 4) \frac{d^{r+s} C^{IV} y^{(r+s-4)}}{dx^{r+s}} + \ldots ;$$

mais on a

$$\frac{d . C' y^{(r+s-1)}}{dx} = C' y^{(r+s)} + C'' y^{(r+s-1)},$$

$$\frac{d . C'' y^{(r+s-2)}}{dx} = C'' y^{(r+s-1)} + C''' y^{(r+s-2)},$$

$$\ldots \ldots \ldots \ldots \ldots \ldots \ldots \ldots \ldots \ldots$$

Substituant dans l'équation précédente, on trouvera

$$\frac{d^{r+2s} C y^{(r)}}{dx^{r+2s}} = \frac{d^{r+s} . C y^{(r+s)}}{dx^{r+s}} + (s, 1) \frac{d^{r+s-1} C' y^{(r+s)}}{dx^{r+s-1}} + [(s, 2) + (s, 1)] \frac{d^{r+s-1} C'' y^{(r+s-1)}}{dx^{r+s-1}}$$
$$+ [(s, 3) + (s, 2)] \frac{d^{r+s-1} C''' y^{r+s-2}}{dx^{r+s-1}} + [(s, 4) + (s, 3)] \frac{d^{r+s-1} C^{IV} y^{(r+s-3)}}{dx^{r+s-1}} + \ldots ;$$

on a encore

$$\frac{d . C''' y^{(r+s-3)}}{dx} = C''' y^{(r+s-2)} + C^{IV} y^{(r+s-3)},$$

$$\frac{d . C^{IV} y^{(r+s-3)}}{dx} = C^{IV} y^{(r+s-2)} + C^{V} y^{(r+s-3)},$$

$$\ldots \ldots \ldots \ldots \ldots \ldots \ldots \ldots \ldots \ldots$$

Si l'on substitue de nouveau dans l'équation précédente, et qu'on continue toujours de la même manière, on finira par mettre $\frac{d^{r+2s}C y^{(r)}}{dx^{r+2s}}$ sous la même forme que $\frac{d^r C y^{(r+2s)}}{dx^r}$, et, comme il est facile de le voir, un quelconque des termes dans lesquels l'ordre de la dérivée de y dépassera d'une unité l'indice du signe d, sera de la forme

$$\mathbf{N} \frac{d^{r+s-h-1}C^{(2h+1)}y^{(r+s-h)}}{dx^{r+s-h-1}},$$

$\mathbf{N}$ étant le même que précédemment; donc la somme

$$\frac{d^r.C y^{(r+2s)}}{dx^r} + \frac{d^{r+2s}C y^{(r)}}{dx^{r+2s}}$$

ne contiendra que des termes où l'ordre de la dérivée de y sera égal à l'indice du signe d, puisque les autres se détruisent deux à deux.

Dans le cas où t serait impair et égal à $2s+1$, nous verrions de la même manière que la différence

$$\frac{d^r.C y^{(r+2s+1)}}{dx^r} - \frac{d^{r+2s+1}.C y^{(r)}}{dx^{r+2s+1}}$$

ne contiendrait que des termes dans lesquels l'ordre de la dérivée de y serait égal à l'indice du signe d; donc chacune des deux quantités

$$u \frac{d^m.A_m (u y)^m}{dx^m}, \quad u y \frac{d^m.A_m u^{(m)}}{dx^m},$$

dont se compose X, peut se mettre sous la forme

$$b_0 y + \frac{d.b y'}{dx} + \frac{d^2 b_1 y''}{dx^2} + \cdots + \frac{d^m.b_{m-1} y^{(m)}}{dx^m},$$

et comme X est une dérivée exacte, quel que soit y, b_0 sera le même dans ces deux quantités; donc enfin X prendra la forme

$$\frac{d.b y'}{dx} + \frac{d^2 b_1 y''}{dx^2} + \frac{d^3 b_2 y'''}{dx^3} + \cdots + \frac{d^m b_{m-1} y^{(m)}}{dx^m}. \qquad C.\ Q.\ F.\ D.$$

On pourrait facilement déduire de ce qui précède l'expression générale des fonctions B ; mais cette expression serait très compliquée, et il vaudra mieux les calculer dans chaque cas particulier, en transformant directement chacun des groupes X qui entreront dans la valeur de U, après l'avoir mis sous la forme qui résulte de la formule (2) : cette forme est

$$X = \frac{d^m . A_m [u(uy)^{(m)} - uyu^{(m)}]}{dx^m} - (m,1) \frac{d^{m-1} A_m [u'(uy)^{(m)} - (uy)'u^{(m)}]}{dx^{m-1}}$$
$$+ (m,2) \frac{d^{m-2} A_m [u''(uy)^{(m)} - (uy)''u^{(m)}]}{dx^{m-2}} \ldots$$

On trouvera ainsi, pour $n = 1$,

$$\int U dx = u^2 A_1 y' ;$$

pour $n = 2$,

$$\int U dx = [2(uu'A_2)' + 2uu''A_2 - 4u'^2 A_2 + u^2 A_1] y' + \frac{d . u^2 A_2 y''}{dx} ;$$

pour $n = 3$,

$$\int U dx = [3(uu'A_3)'' + 3(uu'''A_3)' - 9(u'u''A_3)' - 6u'u'''A_3 + 9u''^2 A_3$$
$$+ 2(uu'A_2)' + 2uu''A_2 - 4u'^2 A_2 + u^2 A_1] y'$$
$$+ \frac{d . [3(uu'A_3)' + 6uu''A_3 - 9u'^2 A_3 + u^2 A_2] y''}{dx} + \frac{d^2 . u^2 A_3 y'''}{dx^2}.$$

§ II.

Distinction des maxima et des minima des intégrales définies.

Soit $\int_{x_0}^{x_1} K \, dx$ une intégrale définie, dans laquelle K est une fonction donnée de x, y et des dérivées y', y'', y''', ..., $y^{(n)}$. Si l'on établit entre y et x diverses relations, représentant autant de courbes dont ces variables seront les coordonnées, l'intégrale proposée prendra diverses valeurs, et, pour déterminer celle de toutes ces courbes qui rendra l'intégrale un maximum ou un minimum, il faudra égaler à zéro la variation première de cette intégrale.

Pour distinguer ensuite si la relation trouvée entre y et x correspond à un maximum, ou bien à un minimum, on devra considérer la variation seconde de l'intégrale, et chercher si elle reste constamment positive ou constamment négative, entre les limites de l'intégrale, quelles que soient les valeurs des variations arbitraires qui y entrent. Mais la question se décompose évidemment en deux parties : dans la première, on peut se proposer de reconnaître si la courbe trouvée est de nature à rendre l'intégrale un maximum, ou bien un minimum, indépendamment de toute valeur attribuée aux constantes qui entrent dans son équation; dans la seconde, on recherchera si les valeurs particulières attribuées à ces constantes rendent l'intégrale plus grande ou plus petite que toutes les autres valeurs, très peu différentes de celles-là, qu'on pourrait donner à ces constantes. Cette seconde partie de la question rentrant entièrement dans la distinction des maxima et des minima des fonctions de plusieurs variables indépendantes, je ne m'occuperai que de la première partie, et je me contenterai, en conséquence, de chercher si l'intégrale proposée est un maximum, ou un minimum, en ne changeant que la forme de la courbe, sans faire varier les valeurs de x, y, y', y'',..., $y^{(n-1)}$ relatives aux deux limites.

Puisque nous supposons x, y, y', y'',..., $y^{(n-1)}$ constants aux deux limites, la variation première de l'intégrale se réduira à $\int_{x_0}^{x_1} \mathrm{V}\, \partial y\, dx$, V étant égal à

$$\left(\frac{d\mathrm{K}}{dy}\right) - \frac{d\left(\frac{d\mathrm{K}}{dy'}\right)}{dx} + \frac{d^2\left(\frac{d\mathrm{K}}{dy''}\right)}{dx^2} - \frac{d^3\left(\frac{d\mathrm{K}}{dy'''}\right)}{dx^3} + \dots \pm \frac{d^n\left(\frac{d\mathrm{K}}{dy^{(n)}}\right)}{dx^n},$$

et

$$\left(\frac{d\mathrm{K}}{dy}\right), \left(\frac{d\mathrm{K}}{dy'}\right), \left(\frac{d\mathrm{K}}{dy''}\right), \dots, \left(\frac{d\mathrm{K}}{dy^{(n)}}\right),$$

représentant les coefficients différentiels partiels de K pris relativement à y, y', y'',..., $y^{(n)}$. Ainsi $\mathrm{V}=0$ sera l'équation différentielle de la courbe qui rend l'intégrale proposée un maximum ou un minimum.

La variation seconde de cette intégrale prendra alors la forme $\int_{x_0}^{x_1} \eth V \, \eth y \, dx$. Je dis maintenant que $\eth V$ peut toujours se mettre sous la forme du premier membre de l'équation (1) : en effet on a

$$\eth V = \left(\frac{d^2 K}{dy^2}\right) \eth y + \left(\frac{d^2 K}{dy \, dy'}\right) \eth y' + \left(\frac{d^2 K}{dy \, dy''}\right) \eth y'' + \ldots + \left(\frac{d^2 K}{dy \, dy^{(n)}}\right) \eth y^{(n)}$$

$$- \frac{d \left[\left(\frac{d^2 K}{dy \, dy'}\right) \eth y + \left(\frac{d^2 K}{dy'^2}\right) \eth y' + \left(\frac{d^2 K}{dy' \, dy''}\right) \eth y' + \ldots + \left(\frac{d^2 K}{dy' \, dy^{(n)}}\right) \eth y^{(n)} \right]}{dx}$$

$$+ \frac{d^2 \left[\left(\frac{d^2 K}{dy \, dy''}\right) \eth y + \left(\frac{d^2 K}{dy' \, dy''}\right) \eth y' + \left(\frac{d^2 K}{dy''^2}\right) \eth y'' + \ldots + \left(\frac{d^2 K}{dy'' \, dy^{(n)}}\right) \eth y^{(n)} \right]}{dx^2}$$

$$\ldots\ldots\ldots\ldots\ldots\ldots\ldots\ldots\ldots\ldots\ldots\ldots$$

$$\pm \frac{d^n \left[\left(\frac{d^2 K}{dy \, dy^{(n)}}\right) \eth y + \left(\frac{d^2 K}{dy' \, dy^{(n)}}\right) \eth y' + \left(\frac{d^2 K}{dy'' \, dy^{(n)}}\right) \eth y'' + \ldots + \left(\frac{d^2 K}{dy^{(n)2}}\right) \eth y^{(n)} \right]}{dx^n};$$

or il est facile de voir que tous les termes de cette expression, excepté ceux où l'ordre de la dérivée de $\eth y$ est égal à l'indice du signe d, peuvent se grouper deux à deux, de manière que chaque groupe soit compris dans la forme générale

$$\pm \left[\frac{d^r \, C \, \eth y^{(r+t)}}{dx^r} \pm \frac{d^{r+t} \, C \, \eth y^{(r)}}{dx^{r+t}} \right],$$

le signe du second terme, dans la parenthèse, étant $+$ si t est pair et $-$ si t est impair. Mais, comme nous l'avons vu (pages 8, 9 et 10), cette quantité peut être transformée de manière que dans chaque terme l'ordre de la dérivée de $\eth y$ soit égal à l'indice du signe d : donc $\eth V$ pourra se mettre sous la forme

$$\eth V = A \eth y + \frac{d \cdot A_1 \eth y'}{dx} + \frac{d^2 \cdot A_2 \eth y''}{dx^2} + \ldots + \frac{d^n \cdot A_n \eth y^{(n)}}{dx^n}.$$

De plus, il est facile de voir que l'on a

$$A_n = \pm \left(\frac{d^2 K}{dy^{(n)2}} \right),$$

le signe + ayant lieu si n est pair, et le signe − si n est impair.

Si l'on suppose qu'on ait intégré l'équation différentielle $V = 0$, et qu'on en ait tiré la valeur de y en fonction de x et de $2n$ constantes arbitraires $a, b, c, \ldots$, on trouvera facilement l'intégrale de l'équation $\partial V = 0$; en effet, si dans la valeur de y on augmente chacune des constantes $a, b, c, \ldots$ de $\partial a, \partial b, \partial c, \ldots$, y augmentera de

$$\partial y = \frac{dy}{da} \partial a + \frac{dy}{db} \partial b + \frac{dy}{dc} \partial c + \ldots,$$

et V deviendra $V + \partial V$; mais la nouvelle valeur de y ne différant de la première que par les constantes arbitraires, devra annuler $V + \partial V$, et cela, quelles que soient les quantités $\partial a, \partial b, \partial c, \ldots$; donc l'équation $\partial V = 0$ sera satisfaite par

$$\partial y = \alpha \frac{dy}{da} + \beta \frac{dy}{db} + \gamma \frac{dy}{dc} + \ldots,$$

et cette valeur de ∂y contenant $2n$ constantes arbitraires $\alpha, \beta, \gamma, \ldots$, en est l'intégrale complète.

Je vais tâcher maintenant de mettre la variation seconde sous une forme convenable pour en déduire les caractères distinctifs des maxima et des minima de l'intégrale proposée, et, la marche à suivre pour cela étant très uniforme, je me contenterai d'effectuer la transformation dans les cas les plus simples.

Je suppose d'abord que K ne contienne que x, y, et y'; d'après ce qui précède, ∂V pourra s'écrire

$$\partial V = A \partial y + \frac{d . A_1 \partial y'}{dx}.$$

Soit

$$u = \alpha \frac{dy}{da} + \beta \frac{dy}{db}.$$

∂V sera annulé par $\partial y = u$; donc si l'on pose

$$\partial y = u\partial' y,$$

$u\partial V$ deviendra une dérivée exacte d'après le théorème démontré précédemment, et si l'on intègre par parties, on aura

$$\int_{x_0}^{x_1} \partial V \partial y\, \partial x = \int_{x_0}^{x_1} u\, \partial V \partial' y\, dx = -\int_{x_0}^{x_1} B(\partial' y')^2 dx,$$

en remarquant que ∂y est nul aux deux limites. D'ailleurs on a

$$B = u^2 A_1 = -u^2 \left(\frac{d^2 K}{dy'^2}\right),$$

et la relation $\partial y = u\partial' y$ donne

$$\partial' y' = \frac{\partial y'}{u} - \frac{u'\partial y}{u^2};$$

on a donc

$$(3) \qquad \int_{x_0}^{x_1} \partial V \partial y\, dx = \int_{x_0}^{x_1} \left(\frac{d^2 K}{dy'^2}\right)\left(\frac{u'\partial y}{u} - \partial y'\right)^2 dx.$$

L'intégrale $\int_{x_0}^{x_1} K dx$ sera donc un maximum ou un minimum, suivant que, pour la valeur de y tirée de l'équation $V = 0$, la quantité $\left(\frac{d^2 K}{dy'^2}\right)$ sera toujours négative ou toujours positive entre les limites de l'intégrale; il faudra de plus qu'on puisse déterminer α et β de manière que $\left(\frac{d^2 K}{dy'^2}\right)\left(\frac{u'\partial y}{u} - \partial y'\right)^2$ ne devienne pas infini entre ces limites. Si $\left(\frac{d^2 K}{dy'^2}\right)$ ne conservait pas constamment le même signe, la variation seconde pourrait être tantôt positive, tantôt négative, suivant les valeurs qu'on donnerait à ∂y, et il n'y aurait ni maximum ni minimum.

Je suppose maintenant que la plus haute dérivée de y qui entre dans K soit y''; ∂V se mettra sous la forme

$$\partial V = A \partial y + \frac{d . A_1 \partial y'}{dx} + \frac{d^2 A_2 \partial y''}{dx^2}.$$

Soient

$$u = \alpha \frac{dy}{da} + \beta \frac{dy}{db} + \gamma \frac{dy}{dc} + \delta \frac{dy}{dd},$$

$$u_1 = \alpha_1 \frac{dy}{da} + \beta_1 \frac{dy}{db} + \gamma_1 \frac{dy}{dc} + \delta_1 \frac{dy}{dd}.$$

∂V sera annulé si l'on fait $\partial y = u$, ou bien $\partial y = u_1$; posons $\partial y = u \partial' y$, et nous aurons, en intégrant par parties,

$$\int_{x_0}^{x_1} \partial V \partial y \, \partial x = \int_{x_0}^{x_1} u \partial V \partial' y \, dx = - \int_{x_0}^{x_1} \left(B \partial' y' + \frac{d B_1 \partial' y''}{dx} \right) \partial' y' dx;$$

or ∂V étant annulé par $\partial y = u_1$, $B \partial' y' + \frac{d . B_1 \partial' y''}{dx}$ doit être annulé en y faisant $\partial' y = \frac{u_1}{u}$, ou bien $\partial' y' = \frac{u u_1' - u_1 u'}{u^2}$; si donc nous posons $\partial' y' = \frac{u u_1' - u_1 u'}{u^2} \partial'' y$, nous aurons, en intégrant de nouveau par parties,

$$\int_{x_0}^{x_1} \partial V \partial y \, dx = \int_{x_0}^{x_1} C (\partial'' y')^2 \, dx;$$

mais on a $C = \left(\frac{u u_1' - u_1 u'}{u^2} \right)^2 B_1$ et $B_1 = u^2 A_2 = u^2 \left(\frac{d^2 K}{d y''^2} \right)$; d'un autre côté, les relations $\partial y = u \partial' y$, $\partial' y' = \frac{u u_1' - u_1 u'}{u^2} \partial'' y$ donnent

$$\partial'' y' = \frac{u}{u u_1' - u_1 u'} \left(\partial y'' - \frac{u u_1'' - u_1 u''}{u u_1' - u_1 u'} \partial y' + \frac{u' u_1'' - u_1' u''}{u u_1' - u_1 u'} \partial y \right);$$

on aura donc

$$\int_{x_0}^{x_1} \partial V \partial y \, \partial x = \int_{x_0}^{x_1} \left(\frac{d^2 K}{d y''^2} \right) \left(\frac{u' u_1'' - u_1' u''}{u u_1' - u_1 u'} \partial y - \frac{u u_1'' - u_1 u''}{u u_1' - u_1 u'} \partial y' + \partial y'' \right)^2 \, dx.$$

Ainsi, dans ce cas, pour que $\int_{x_0}^{x_1} K \, dx$ soit un maximum ou un minimum, il faut que $\left(\frac{d^2K}{dy''^2}\right)$ reste constamment négatif ou constamment positif entre les limites x_0 et x_1; il faut de plus qu'on puisse déterminer les constantes α, β, γ, δ, $\alpha_{,}$, $\beta_{,}$, $\gamma_{,}$, $\delta_{,}$, de manière que l'élément de l'intégrale dans la variation seconde ne devienne pas infini entre les mêmes limites.

Il est facile de déduire de ce qui précède, qu'en général, si $y^{(n)}$ est la dérivée de y de l'ordre le plus élevé qui entre dans K, l'intégrale $\int_{x_0}^{x_1} K\,dx$ sera un maximum ou un minimum, si $\left(\frac{d^2K}{dy^{(n)2}}\right)$ reste constamment négatif ou constamment positif entre les limites x_0 et x_1, pourvu qu'on puisse déterminer les valeurs des constantes arbitraires qui entrent dans l'élément de la variation seconde, de manière que cet élément ne devienne pas infini entre les mêmes limites.

Nous n'avons considéré jusqu'à présent que les maxima et les minima absolus des intégrales définies; voyons maintenant comment la même méthode peut s'appliquer à la distinction des maxima et des minima relatifs.

Soit donc $\int_{x_0}^{x_1} K dx$ une intégrale qu'il s'agit de rendre maximum ou minimum, en même temps que l'intégrale $\int_{x_0}^{x_1} L dx$ conserve une valeur constante. Si $\int_{x_0}^{x_1} V\partial y dx$ est la variation première de $\int_{x_0}^{x_1} K dx$, la condition de maximum ou de minimum sera

$$\int_{x_0}^{x_1} V\partial y dx = 0.$$

Ici les ∂y qui entrent dans les différents termes de cette somme ne sont pas indépendants les uns des autres, mais ils sont assujétis à conserver à $\int_{x_0}^{x_1} L dx$ une valeur constante, c'est-à-dire à annuler la variation première de cette intégrale; en sorte que, si $\int_{x_0}^{x_1} U\partial y dx$

3

est cette variation première, ils devront satisfaire à l'équation de condition

$$\int_{x_0}^{x_1} U \partial y \, dx = 0.$$

Pour tenir compte de cette équation, on la multipliera par un facteur indéterminé m, et on l'ajoutera à l'équation précédente, ce qui donnera

$$\int_{x_0}^{x_1} (V + mU) \partial y \, dx = 0;$$

déterminant ensuite m de manière à faire disparaître le coefficient d'un des ∂y, on substituera sa valeur dans les coefficients des autres ∂y, et on égalera ces coefficients à zéro. On aura ainsi l'équation

$$V + mU = 0,$$

par laquelle la relation cherchée entre y et x sera déterminée. Il faudra se rappeler que m est une constante donnée par la relation

$$V_\omega + mU_\omega = 0;$$

V_ω et U_ω étant ce que deviennent V et U lorsqu'on y remplace x par la valeur particulière x_ω, et $y, y', y'', \ldots$ par les valeurs correspondantes $y_\omega, y'_\omega, y''_\omega, \ldots$.

Passons maintenant à la distinction des maxima et des minima.

La variation seconde de l'intégrale $\int_{x_0}^{x_1} K \, dx$ sera

$$\int_{x_0}^{x_1} \partial V \partial y \, dx + \int_{x_0}^{x_1} V \partial^2 y \, dx;$$

mais pour que l'intégrale $\int_{x_0}^{x_1} L \, dx$ reste constante, les ∂y et $\partial^2 y$ doivent annuler les variations première et seconde de cette intégrale, c'est-à-dire qu'ils doivent satisfaire aux équations

$$\int_{x_0}^{x_1} U \partial y \, dx = 0, \quad \int_{x_0}^{x_1} \partial U \partial y \, dx + \int_{x_0}^{x_1} U \partial^2 y \, dx = 0.$$

Si l'on ajoute cette dernière équation multipliée par m à la variation seconde de l'intégrale proposée, elle deviendra

$$\int_{x_0}^{x_1} (\partial V + m\partial U)\,\partial y\,dx + \int_{x_0}^{x_1} (V + mU)\,\partial^2 y\,dx;$$

mais m ayant la même valeur que précédemment, on a identiquement $V_\omega + mU_\omega = 0$, et pour toutes les autres valeurs de x, y, y', y'',..., $V + mU$ est nul en vertu de la relation trouvée entre y et x; donc, en tenant compte de cette relation, la variation seconde se réduira à

$$\int_{x_0}^{x_1} (\partial V + m\partial U)\,\partial y\,dx.$$

Si l'on remarque maintenant que, m étant constant, on a $\partial V + m\partial U = \partial(V + mU)$, on pourra transformer l'expression de cette variation seconde d'après la méthode exposée précédemment, en supposant connue l'intégrale de l'équation différentielle $V + mU = 0$, et faisant varier les constantes arbitraires qui entrent dans cette intégrale. Après la transformation, l'élément de la variation seconde contiendra en facteur $\left(\dfrac{d^2 K}{dy^{(n)2}}\right) + m\left(\dfrac{d^2 L}{dy^{(n)2}}\right)$, $y^{(n)}$ étant la dérivée de y de l'ordre le plus élevé qui entre dans $K + mL$; si ∂y était arbitraire, il faudrait que ce facteur fût constamment négatif ou constamment positif entre les limites x_0 et x_1, pour que l'intégrale $\int_{x_0}^{x_1} K\,dx$ fût un maximum ou un minimum; mais ∂y étant assujéti à satisfaire à l'équation

$$\int_{x_0}^{x_1} U\partial y\,dx = 0,$$

on conçoit que la variation seconde peut conserver toujours le même signe pour toutes les valeurs possibles de ∂y, sans que ses éléments soient tous de même signe. Ainsi, de ce que $\left(\dfrac{d^2 K}{dy^{(n)2}}\right)$

3.

$+ m\left(\frac{d^2\mathrm{L}}{dy^{(n)2}}\right)$ changerait de signe entre les limites x_0 et x_1, on ne devrait pas conclure que l'intégrale proposée ne serait ni un maximum ni un minimum; mais si, remplaçant m par sa valeur $-\frac{\mathrm{V}_\omega}{\mathrm{U}_\omega}$, on peut trouver pour x_ω une valeur telle que $\left(\frac{d^2\mathrm{K}}{dy^{(n)2}}\right) - \frac{\mathrm{V}_\omega}{\mathrm{U}_\omega}\left(\frac{d^2\mathrm{L}}{dy^{(n)2}}\right)$ reste constamment négatif ou constamment positif entre les limites x_0 et x_1, on sera certain que l'intégrale $\int_{x_0}^{x_1}\mathrm{K}dx$ sera un maximum ou un minimum, pourvu toujours que l'élément de la variation seconde ne devienne pas infini entre les mêmes limites.

§ III.

Application de la théorie précédente à quelques exemples.

1°. *Plus courte ligne entre deux points.*

La longueur d'une courbe prise entre deux de ses points ayant pour abscisses x_0 et x_1 est exprimée par l'intégrale $\int_{x_0}^{x_1}dx\sqrt{1+y'^2}$; si l'on cherche la relation qui doit exister entre y et x pour que cette intégrale soit un minimum, on trouve l'équation

$$y = ax + b,$$

a et b étant deux constantes arbitraires: donc la plus courte ligne entre deux points est une ligne droite. Il est clair que la valeur précédente de y rendra toujours l'intégrale proposée un minimum : nous allons voir si la considération de la variation seconde nous conduira à la même conclusion.

D'abord, K étant égal à $\sqrt{1+y'^2}$, on a

$$\left(\frac{d^2\mathrm{K}}{dy'^2}\right) = \frac{1}{(1+y'^2)\sqrt{1+y'^2}};$$

mais la valeur de y donne $y' = a$; on a donc

$$\left(\frac{d^2K}{dy'^2}\right) = \frac{1}{(1+a^2)\sqrt{1+a^2}},$$

quantité constante et positive.

De plus, on a $\frac{dy}{da} = x$, $\frac{dy}{db} = 1$; d'où $u = \alpha x + \beta$ et $u' = \alpha$; la quantité

$$\frac{u'\delta y}{u} - \delta y'$$

de la formule (3) devient donc

$$\frac{\alpha\,\delta y}{\alpha x + \beta} - \delta y',$$

et si l'on prend α et β de manière que $-\frac{\beta}{\alpha}$ ne soit pas compris entre x_0 et x_1, cette quantité ne deviendra pas infinie entre les limites de l'intégrale. Donc la théorie précédente nous indique que la valeur trouvée pour y rend toujours l'intégrale proposée un minimum.

Je remarquerai ici qu'on pourrait faire $\alpha = 0$ dans la valeur de u, et alors la variation seconde se réduirait à

$$\int_{x_0}^{x_1} \left(\frac{d^2K}{dy'^2}\right)(\delta y')^2\,dx :$$

il en sera de même toutes les fois que, K ne contenant que la dérivée y', V ne contiendra pas y. En effet, δV étant mis sous la forme du premier membre de l'équation (1), ne contiendra pas de terme en δy, et sera par conséquent une dérivée exacte; on pourra donc appliquer de suite le procédé de l'intégration par parties, et la variation seconde prendra la forme précédente. Il résulte de là que, toutes les fois que K ne contiendra que la dérivée y', et ne renfermera pas y, pour reconnaître si l'intégrale $\int_{x_0}^{x_1} K\,dx$ est un maximum ou un minimum, il suffira de voir si $\left(\frac{d^2K}{dy'^2}\right)$ reste constamment négatif ou constamment positif entre les limites x_0 et x_1, et s'il ne devient pas infini entre les mêmes limites.

2°. Brachystochrone.

Dans le problème de la brachystochrone ou courbe de plus vite descente dans le vide, on se propose de trouver la courbe que doit suivre un mobile pesant pour aller dans le temps le plus court possible d'un point à un autre. Puisque nous supposons les limites fixes, nous pouvons toujours prendre pour axe coordonné horizontal une droite telle que la distance du point de départ du mobile à cette droite soit la hauteur génératrice de sa vitesse initiale; si cette vitesse est nulle, l'axe passera par le point de départ. De plus, contre l'ordinaire, nous prendrons l'axe vertical pour axe des ordonnées, afin que, dans tous les cas, la portion de courbe cherchée soit tout entière comprise entre les deux limites de l'intégrale. Les ordonnées seront comptées dans le sens de la pesanteur.

Cela posé, l'intégrale qu'il s'agit de rendre minimum sera

$$\int_{x_0}^{x_1} \sqrt{\frac{1+y'^2}{y}}\, dx;$$

la condition de minimum conduit à l'équation différentielle

$$1 + y'^2 + 2yy'' = 0,$$

dont l'intégrale complète est

$$x = a \arccos \frac{a-y}{a} - \sqrt{2ay - y^2} + b,$$

a et b étant deux constantes arbitraires. Cette équation est celle d'une cycloïde dont la base est sur l'axe des x; a est le rayon du cercle générateur, et b est la distance de l'origine de la cycloïde à l'origine des coordonnées.

Considérons maintenant la variation seconde de l'intégrale. Nous aurons d'abord

$$\left(\frac{d^2K}{dy'^2}\right) = \frac{1}{\sqrt{y}\,(1+y'^2)^{\frac{3}{2}}} = \frac{K}{(1+y'^2)^2};$$

or la cycloïde trouvée n'étant jamais rencontrée qu'en un point par une parallèle à l'axe des y, dx doit être considéré comme positif dans toute l'étendue de l'intégrale; d'ailleurs tous les éléments de l'intégrale sont positifs : donc K est toujours positif, et par conséquent $\left(\frac{d^2K}{dy'^2}\right)$ l'est aussi; donc enfin l'intégrale proposée est un minimum, pourvu que l'élément de la variation seconde ne devienne pas infini entre les limites x_0 et x_1. Voyons dans quels cas cette dernière condition pourra être remplie.

On tire de l'équation de la cycloïde

$$\frac{dy}{da} = \frac{1}{a}\left[y - (x-b)\sqrt{\frac{2a}{y}-1}\right] = \frac{y-(x-b)y'}{a},$$

$$\frac{dy}{db} = -\sqrt{\frac{2a}{y}-1} = -y';$$

on a donc

$$u = a\frac{y-(x-b)y'}{a} - \beta y' :$$

on en déduit

$$u' = -a\frac{(x-b)y''}{a} - \beta y'' = a\frac{x-b}{y^2} + \beta\frac{a}{y^3},$$

d'où

$$\frac{u'}{u} = \frac{a[a(x-b)+\beta a]}{y^3[ay - a(x-b)y' - \beta ay']};$$

et si l'on fait $\beta = 0$, cette valeur deviendra

$$\frac{u'}{u} = \frac{a(x-b)}{y^3[y-(x-b)y']}.$$

Menons par l'origine de la cycloïde une parallèle à la tangente au point de cette courbe dont l'abscisse est x; l'ordonnée de cette parallèle pour la même abscisse x sera $(x - b)y'$, et il est facile de voir que tant que x sera compris entre b et $b + 2\pi a$, nous aurons $y > (x - b)y'$; donc si les deux points limites sont sur une même branche de la cycloïde, $\frac{u'}{u}$ ne deviendra pas infini entre ces limites, et comme il en sera de même de $\left(\frac{d^2K}{dy'^2}\right)$, il s'ensuit que dans ce cas l'intégrale proposée sera toujours un minimum.

Si les points limites étaient sur deux branches de la cycloïde, entre ces deux limites y deviendrait nul, et $\left(\frac{d^2K}{dy'^2}\right)\left(\frac{u'\delta y}{u} - \delta y'\right)^2$ deviendrait infini, quels que soient α et β : donc dans ce cas il n'y aurait plus minimum.

3°. *Principe de la moindre action, dans le mouvement elliptique des planètes.*

Le principe de la moindre action dans le mouvement d'un seul corps consiste en ce que, si le principe des forces vives a lieu, la variation première de l'intégrale $\int ds\,V$ est égale à zéro; ds est l'élément de la trajectoire du corps, V est sa vitesse, et l'intégrale est prise entre deux points quelconques de cette trajectoire.

La variation première de $\int ds\,V$ étant nulle, cette intégrale peut être un maximum, ou un minimum, ou ni l'un ni l'autre : or, en considérant la variation seconde, on voit qu'elle n'est jamais un maximum, mais que pour qu'elle soit un minimum il faut que les limites satisfassent à certaines conditions. C'est ce que nous allons voir dans le mouvement elliptique des planètes autour du Soleil.

Prenons des coordonnées polaires, et supposons que le pôle soit au centre du Soleil, et que l'axe polaire soit une droite quelconque passant par ce centre et située dans le plan de l'orbite de la planète que nous considérons. Nous aurons alors

$$ds = d\omega\sqrt{r^2 + \left(\frac{dr}{d\omega}\right)^2} = d\omega\sqrt{r^2 + r'^2};$$

on a d'ailleurs (*Mécanique* de Poisson, n° 238)

$$V = \sqrt{\mu\left(\frac{2}{r} - \frac{1}{a}\right)} = \sqrt{2\mu}\ \sqrt{\frac{1}{r} - \frac{1}{2a}};$$

l'intégrale $\int ds V$ devient donc

$$\sqrt{2\mu} \int d\omega\ \sqrt{r^2 + r'^2}\ \sqrt{\frac{1}{r} - \frac{1}{2a}}.$$

En égalant à zéro la variation première de cette intégrale, on trouve l'équation différentielle

$$(a - r)(r^2 + r'^2) + (r'^2 - rr'')(2a - r) = 0;$$

l'intégrale complète de cette équation est

$$r = \frac{a(1 - e^2)}{1 - e\cos(\omega - \varpi)},$$

e et ϖ étant deux constantes arbitraires. Cette relation entre r et ω est en effet l'équation de la trajectoire elliptique de la planète ; e est l'excentricité de l'ellipse, et ϖ est l'angle compris entre l'axe polaire et la partie du grand axe de l'ellipse qui passe par l'aphélie de la planète.

Si nous passons à la variation seconde, nous verrons que l'on a d'abord

$$\left(\frac{d^2K}{dr'^2}\right) = \frac{r^2}{(r^2 + r'^2)^{\frac{3}{2}}}\ \sqrt{\frac{1}{r} - \frac{1}{2a}},$$

quantité positive qui ne peut jamais devenir infinie ; donc déjà $\int ds V$ ne peut être qu'un minimum. Voyons maintenant dans quels cas le minimum existera réellement.

En différentiant la valeur de r par rapport à e et à ϖ, on trouve

$$\frac{dr}{de} = \frac{a[(1 + e^2)\cos(\omega - \varpi) - 2e]}{[1 - e\cos(\omega - \varpi)]^2},$$

$$\frac{dr}{d\varpi} = \frac{ae(1 - e^2)\sin(\omega - \varpi)}{[1 - e\cos(\omega - \varpi)]^2};$$

4

on aura donc

$$u = a \frac{\alpha\left[(1+e^2)\cos(\omega - \varpi) - 2e\right] + \beta e(1-e^2)\sin(\omega - \varpi)}{\left[1 - e\cos(\omega - \varpi)\right]^3},$$

d'où

$$u' = a \frac{-\alpha(1+e^2)\sin(\omega - \varpi) + \beta e(1-e^2)\cos(\omega - \varpi)}{\left[1 - e\cos(\omega - \varpi)\right]^3} - 2u\frac{e\sin(\omega - \varpi)}{1 - e\cos(\omega - \varpi)},$$

et par suite

$$\frac{u'}{u} = \frac{-\alpha(1+e^2)\sin(\omega - \varpi) + \beta e(1-e^2)\cos(\omega - \varpi)}{\alpha\left[(1+e^2)\cos(\omega - \varpi) - 2e\right] + \beta e(1-e^2)\sin(\omega - \varpi)} - \frac{2e\sin(\omega - \varpi)}{1 - e\cos(\omega - \varpi)}.$$

La seconde partie de cette valeur ne pouvant évidemment pas devenir infinie, nous ne nous occuperons que de la première partie. Pour chaque valeur donnée à $\frac{\alpha}{\beta}$, deux valeurs de ϖ annullent le dénominateur de cette première partie; et si r_1 et r_2 sont les valeurs de r correspondant à ces deux valeurs de ϖ, on trouve que ces deux quantités sont liées entre elles par la relation

$$2r_1 r_2 - a(3 + e^2)(r_1 + r_2) + 4a^2(1 + e^2) = 0.$$

Mais cette relation est celle qui existe entre les rayons vecteurs des extrémités d'une corde quelconque de l'ellipse passant par le foyer qui n'est pas au pôle; donc si l'on joint le premier des deux points de la trajectoire entre lesquels est prise l'intégrale $\int ds V$ avec le foyer de l'ellipse qui n'est pas au pôle, la droite ainsi obtenue devra rencontrer l'ellipse au-delà du second point, sans quoi $\frac{u'}{u}$ deviendrait infini entre les limites de l'intégrale, et cette intégrale ne serait plus un minimum.

Les trois exemples qui précèdent suffisent pour faire voir comment la méthode de M. Jacobi s'applique à la distinction des maxima et minima absolus; nous allons voir maintenant deux autres exemples, dans lesquels la même méthode sera appliquée à la distinction des maxima et minima relatifs.

4°. Courbe de longueur donnée comprenant une aire maximum ou minimum.

L'intégrale qui doit être rendue maximum ou minimum est
$\int_{x_0}^{x_1} y\,dx$, et en même temps l'intégrale $\int_{x_0}^{x_1} \sqrt{1+y'^2}\,dx$ doit conserver une valeur constante.

L'équation différentielle de la courbe cherchée est donc

$$1 - m\frac{y''}{(1+y'^2)^{\frac{3}{2}}} = 0,$$

m étant une constante déterminée par la relation

$$1 - m\frac{y''_\omega}{(1+y'^2_\omega)^{\frac{3}{2}}} = 0.$$

Ainsi l'équation de la courbe sera

$$(x-a)^2 + (y-b)^2 = m^2,$$

c'est-à-dire que cette courbe est un cercle. Si maintenant on détermine a, b et m de manière que ce cercle passe par les deux points limités donnés, et que la longueur de l'arc compris entre ces deux points soit égale à une ligne donnée, on trouvera que le cercle peut être placé de deux manières, ou, ce qui revient au même, que le problème a deux solutions : l'un des deux arcs de cercle satisfaisant aux conditions précédentes, tourne sa concavité vers l'axe des x, et l'autre sa convexité. Or, d'après la remarque de la page 21, la variation seconde de l'intégrale proposée peut se mettre sous la forme

$$\int_{x_0}^{x_1} \left[\left(\frac{d^2K}{dy'^2}\right) + m\left(\frac{d^2L}{dy'^2}\right)\right]\left(\delta y'\right)^2 dx,$$

et puisque l'on a $K = y$, $L = \sqrt{1+y'^2}$, on aura

$$\left(\frac{d^2K}{dy'^2}\right) + m\left(\frac{d^2L}{dy'^2}\right) = m\cdot\frac{1}{(1+y'^2)^{\frac{3}{2}}},$$

ou, remplaçant m par sa valeur,

$$\left(\frac{d^2K}{dy'^2}\right) + m\left(\frac{d^2L}{dy'^2}\right) = \frac{(1+y'^2_\omega)^{\frac{3}{2}}}{y''_\omega\,(1+y'^2)^{\frac{3}{2}}}.$$

Cette expression ne peut pas devenir infinie entre les limites de l'intégrale ; de plus, elle est négative pour toutes les valeurs de x comprises entre ces limites, si l'on prend le premier des deux arcs de cercle déterminés précédemment, et positive si l'on prend le second ; donc le premier rend l'intégrale proposée maximum, et le second la rend minimum.

5°. *Courbe de longueur donnée ayant son centre de gravité le plus haut ou le plus bas possible.*

L'intégrale qu'on doit rendre maximum ou minimum est $\int_{x_0}^{x_1} y\sqrt{1+y'^2}\,dx$, et en même temps il faut que $\int_{x_0}^{x_1} \sqrt{1+y'^2}\,dx$ reste constant. L'équation de la courbe cherchée sera donc

$$1 + y'^2 - (y+m)y'' = 0,$$

et l'on aura pour déterminer la constante m, la relation

$$1 + y'^2_\omega - (y_\omega + m)y''_\omega = 0.$$

L'intégrale de l'équation différentielle précédente est

$$y + m = \frac{a}{2}\left(\frac{1}{b}e^{\frac{x}{a}} + be^{-\frac{x}{a}}\right),$$

c'est-à-dire que la courbe cherchée est une chaînette dont l'axe est vertical. Si l'on détermine les constantes a, b et m, on trouve, comme dans l'exemple précédent, que deux arcs de chaînette satisfont aux conditions : l'un de ses arcs tourne sa concavité vers l'axe des x, et l'autre sa convexité. Voyons maintenant ce qu'indique la variation seconde de l'intégrale $\int_{x_0}^{x_1} y\sqrt{1+y'^2}\,dx$; on a

$K = y\sqrt{1+y'^2}$, $L = \sqrt{1+y'^2}$; on en déduit

$$\left(\frac{d^2K}{dy'^2}\right) + m\left(\frac{d^2L}{dy'^2}\right) = \frac{y+m}{(1+y'^2)^{\frac{3}{2}}},$$

ou bien, en remplaçant m par sa valeur,

$$\left(\frac{d^2K}{dy'^2}\right) + m\left(\frac{d^2L}{dy'^2}\right) = \frac{y - y_\omega + \dfrac{1+y_\omega'^2}{y_\omega''}}{(1+y'^2)^{\frac{3}{2}}}.$$

Dans le cas de l'arc de chaînette qui tourne sa concavité vers l'axe des x, prenons pour y_ω, y_ω', y_ω'' les valeurs de y, y', y'' relatives au point de cet arc qui est le plus loin de l'axe des x ; l'expression précédente sera négative et l'intégrale proposée sera un maximum. Dans le cas de l'arc qui tourne sa convexité vers l'axe des x, on verrait de la même manière que l'intégrale proposée est un minimum.

Mais les conclusions précédentes supposent que l'élément de la variation seconde ne devient pas infini entre les limites x_0 et x_1 : voyons si cela peut toujours avoir lieu. On trouve facilement

$$\frac{dy}{da} = \frac{y+m}{a} - \frac{x}{a}y', \quad \frac{dy}{db} = -\frac{a}{b}y',$$

ce qui donne

$$u = \alpha\left(\frac{y+m}{a} - \frac{x}{a}y'\right) - \beta\frac{a}{b}y',$$

et par suite

$$u' = -\left(\alpha\frac{x}{a} + \beta\frac{a}{b}\right)y'' ;$$

or il est facile de voir qu'on ne peut pas toujours déterminer $\frac{\alpha}{\beta}$ de manière que $\frac{u'}{u}$ ne devienne pas infini entre x_0 et x_1 : pour que cela puisse avoir lieu il faut que x_0 et x_1 satisfassent à une certaine condition, et ce n'est que dans ce cas que la méthode précédente indique s'il y a maximum ou minimum. Lorsque x_0 et x_1 ne satisfont pas à cette condition, la méthode n'indique plus rien, quoiqu'il y ait cependant toujours ou maximum ou minimum.

Vu et approuvé,
LE DOYEN DE LA FACULTÉ,
J.-B. BIOT.

Permis d'imprimer,
L'INSPECTEUR GÉNÉRAL DES ÉTUDES,
chargé de l'administration de l'Académie de Paris,
ROUSSELLES.

THÈSE D'ASTRONOMIE.

PROGRAMME.

MOUVEMENT DE LA TERRE

AUTOUR

DE SON CENTRE DE GRAVITÉ.

—

1, 2, 3. Équations différentielles du mouvement de la Terre autour de son centre de gravité.

4, 5, 6. On démontre que les pôles et l'équateur ne se déplaceront jamais sensiblement à la surface de la Terre.

7, 8, 9, 10, 11. Mouvement de la ligne des pôles dans l'espace. — Développement des équations différentielles qui servent à le déterminer, en tenant compte des actions du Soleil et de la Lune.

12, 13. Intégration de ces équations différentielles. — Formules de la précession et de la nutation relatives à un plan fixe et à l'écliptique mobile.

14. Réduction des formules précédentes en nombres, en prenant pour plan fixe l'écliptique de 1750.

Vu et approuvé,
LE DOYEN DE LA FACULTÉ,

J.-B. BIOT.

Permis d'imprimer,
L'INSPECTEUR GÉNÉRAL DES ÉTUDES,
*chargé de l'administration de l'Académie
de Paris,*
ROUSSELLES.

.

www.ingramcontent.com/pod-product-compliance
Lightning Source LLC
Chambersburg PA
CBHW060453210326
41520CB00015B/3938